“妈妈爸爸在线”丛书

早产儿家庭养育指导手册

北京春苗儿童救助基金会 编著

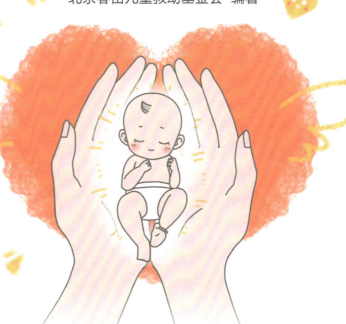

 中国出版集团有限公司

 世界图书出版公司

上海 西安 北京 广州

图书在版编目（CIP）数据

早产儿家庭养育指导手册/北京春苗儿童救助基金会
编著. —上海：上海世界图书出版公司，2017.3（2024.5重印）
（妈妈爸爸在线丛书）
ISBN 978-7-5192-2434-9

Ⅰ. ① 早… Ⅱ. ① 北… Ⅲ. ① 早产儿－哺育－手册
Ⅳ. ① TS976.31-62

中国版本图书馆CIP数据核字（2017）第038692号

书　　名　早产儿家庭养育指导手册
　　　　　Zaochaner Jiating Yangyu Zhidao Shouce
编　　著　北京春苗儿童救助基金会
插　　画　崔晨烨
责任编辑　沈蔚颖
装帧设计　上海永正彩色分色制版有限公司
出版发行　上海世界图书出版公司
地　　址　上海市广中路88号9-10楼
邮　　编　200083
网　　址　http://www.wpcsh.com
经　　销　新华书店
印　　刷　苏州彩易达包装制品有限公司
开　　本　787 mm × 1092 mm　1/32
印　　张　5.5
字　　数　100千字
印　　数　32001-34000
版　　次　2017年3月第1版　2024年5月第8次印刷
书　　号　ISBN 978-7-5192-2434-9 / T·223
定　　价　39.80元

鸣　谢

感谢倪明辉先生、林云峰医生在本书编著和审核过程中所做的贡献和帮助!

倪明辉（小好爸）

《早来的天使》作者,《婴幼儿养育和早期干预实用手册·高危儿卷》联合作者,纯母乳喂养公益推行者。从 2011 年开始从事早产儿公益咨询一直至今,国内知名的早产儿知识科普达人。

个人平台
二维码

林云峰

南方医科大学儿科学博士,福建省妇幼保健院儿科医生。2015 年春雨医生人气医生,2016互联网医健风云榜最佳医生。

个人平台
二维码

推荐序一

　　早产儿是一个比较特别的群体，作为他们的父母，心理上所承受的压力是一般父母难以理解的。随着中国二胎政策全面开放，以及新生儿救治技术的提高，早产儿群体也将会迎来一个新的增长高峰。如何降低早产儿的致残率，如何提高家庭干预水平、降低治疗费用等一系列问题，均成了每个儿科医生、家庭、社会的挑战和难题。这本书通俗易懂、图文并茂，用最简练的语言描述了早产儿养育将要面对的方方面面，是一本比较实用的早产儿家长养育参考书。

　　作为一名儿科医生，我们有责任提供最优质的医疗技术给这些孩子，为他们的健康而不断努力。也真诚地希望有更多的社会公益团体可以与我们儿科医生一同为早产儿们的健康加油助力！

温州医科大学附属第二医院、育英儿童医院副院长
温州医科大学第二临床学院执行院长
主任医师、儿科学教授、博士生导师

2016年10月

推荐序二

中国是早产儿发生率较高的国家之一，每年新出生的早产儿数量约在150万，对于这个群体，发育落后、脑瘫等后遗症比普通足月儿的发生率要高出很多。自20世纪80年代末，我有幸与全国众多的儿科专家一道，持续研究了早产儿早期干预的有关课题：1992年我们发表了《早产儿、窒息儿早期干预对智力水平的影响研究》。研究表明，2岁时，早产儿早教组的智力发育指数比早产儿对照组高14.6分，其中很多孩子智力水平超过了正常新生儿对照组，令人兴奋的是竟然无1例智力低下现象发生；然而早产儿对照组智力发育指数却比正常儿组低8.9分，且其中7.8%发生智力低下。在2001~2004年，我们做了早期干预降低早产儿脑瘫发生率的研究，样本数量也高达2684例，全国协作范围也达到空前数量。研究结论为：早在新生儿期对早产儿实施早期干预可以有效降低脑瘫发生率3/4，且极少发生重度脑瘫。在2010~2014年，我和团队共同承接研究了原卫生部科技教育司小儿脑性瘫痪流行特征及规范化防治子课题"提高出生极低体重早产儿生命质量的临床研究"，研究结果表明，干预组脑瘫发生率为2.21%，较对照组脑瘫发生率6.17%降低了近2/3。

我们的科研成果在中国优生优育协会科研基地——宝篮贝贝不断地孵化及完善。本书的编著者倪明辉在2011年的时候，正是在宝篮贝贝的指导下，积极开展早期干预，让他仅有1.1千克的孩子摆脱了高危的帽子。类似的案例在我长期临床中比比皆是。重视早期干预，降低高危儿致残率是我们一直在坚持做的工作。

本书构思巧妙、图文并茂。以早产儿妈妈在生产后可能会遇到的诸多问题为主线，巧妙地通过图表等方式生动形象地传递给读者，应该如何正确认识这些问题，并积极地通过干预解除警报，是一本难得的适合于新生早产儿家庭阅读的入门书籍。

早产儿早期干预大部分内容在早期干预专业人员指导下，都可以由父母在家中进行操作，坚持每天正确的干预，不仅可以降低早产儿发生后遗症的概率，还可以提高孩子智力水平。让我们携起手来，为孩子们的未来共同努力吧！

中国医学科学院北京协和医院儿科主任医师
中国优生优育协会儿童发育专业委员会主任委员
宝篮贝贝儿童早期发展中心首席专家

鲍秀兰

2016年10月

前　言

　　全球每年新增早产儿1 500万，而中国约占到其中的10%，随着中国二胎政策的全面放开，早产儿发生率也在不断地提高。早产儿不是特殊人群，他们只不过是提前来到这个世界上的小天使，随着妇产医学、新生儿医学等技术的不断提高，越来越多的早产儿宝宝能够顺利降生，但随之而来的问题却是那些没有经验的妈妈们，心情焦虑地面对自己提前来到这个世界的小天使，不知道如何去养育。早产领域是一个综合的医学领域，涉及数个专业医学学科，不仅术语繁多，而且很容易在不少知识点上混淆。纵观市面上能够给这些早产儿新手妈妈看的书，少之又少。

　　本书最大的特点是文字精简、图画丰富，让本来焦虑的家长不必花太多时间，就可以通过本书图文的讲解迅速掌握所需要了解的知识。内容结构设计也比较有特色，第一部分考虑到那些没有出院的宝宝妈妈，让她们提前了解一些关于早产儿的基本知识，以及可能要面临的一些问题，针对早产儿的母乳喂养也特别给出了明确的方法和建议。第二部分则按照对应的月龄，分别在精细运动、粗大运动、语言发育、社交发育、适应能力发育五大发育区块上给出自测点，家长们可以轻松地按照书上的发育点观察宝宝，或者给予对应的训练。

本书中早产儿养育知识点形成串联，让家长不再迷茫，减少因盲目搜索造成的二次恐慌心理。希望此书可以帮助到更多仍处在焦虑中的家长们。

倪明辉

2016年10月

序

医学上把妊娠时间不满 37 周出生的新生儿称为"早产儿",他们体重低于 2 500 克,生命力弱,身体各器官还未完全发育成熟,他们面临的外界环境无论如何也不能像在母体里一样具有合适的温度、良好的营养,必须进行特殊的照料。

2012 年 5 月,世界卫生组织发布的《全球早产儿报告》显示,全球每年有 1 500 万早产儿,超过全部新生儿的 10%。报告显示,因缺乏恰当护理,欠发达国家和地区的早产儿死亡率远高于发达国家。有数据统计,中国早产儿的发生率约为 8.1%,每年约有 180 万早产儿出生。中国早产儿出生人数排名全球第二,出生的数量还在逐年递增,死亡率高达 30%。

由于早产儿发育不成熟,需要密切的医学观察与系统的救治、护理,如果能得到及时有效的救助,就可以很大程度提高早产儿存活率,并可以像正常孩子一样健康成长。家庭贫困是导致患儿救治不及时或放弃救治的主要原因。一般情况下,体重低于 1 500 克或胎龄小于 30 周的早产儿,所需医疗费高达几十万元,尤其是多胎妊娠早产儿治疗费用更高。有相当多困难家庭,既不能享受医疗保险或大病救助基金，也不是公益组织救助的对象，而不得不放弃继续治疗；近年来，医疗保险及新型农村合作医疗政策的出台已惠及新生儿救治，但家长仍需承担救治费用的 30%~40%，家庭负担仍较重，依然会造成因病返贫。

为此，北京春苗儿童救助基金会（以下简称：春苗基金会）-小苗医疗项目特设早产儿专项救助基金，凭借多年对 0~18 岁先天性疾病的孤贫儿童提供医疗救助的专业服务，累积了成熟的救助经验和标准的服务流程；通过资助贫困家庭早产儿医疗费用，减少了早产儿因资金问题造成的死亡、遗弃。春苗基金会致力于为更多的早产儿家庭提供专业的社工服务，帮助早产儿家庭重建生活信心。

关于早产孤儿的救助形式：通过与贫困地区福利院建立长期合作关系，春苗基金会-小花关爱项目采用集中寄养的照料模式，采用国际先进的袋鼠式育儿护理方法为早产孤儿提供 24 小时的特别护理服务。凭借在儿童养育、就医指导等方面有着丰富经验的护理团队，2009 年 6 月至 2015 年 12 月，春苗基金会-小花关爱项目共救助 228 名（数字截止日期 2016 年 10 月 31 日）早产孤儿，成活率为 95%，已经有 90% 的早产孤儿成功走入领养家庭。成功养育的最小早产孤儿仅为 610 克。

春苗基金会在早产儿救助和养育的过程中，逐渐发现出院后的喂养和护理对于孩子的健康成长非常关键。无奈早产儿的到来让很多初为父母的家长们始料不及、无所适从。他们不知道如何给孩子喂奶、洗澡，如何监测孩子的成长是否达标等。对于信息和经济匮乏地区的父母更是如此。因此，春苗基金会联合了本书编者来撰写，将多年来早产儿护理的经验分享给早产儿父母们，让他们用科学方法来照料、护理早产宝宝。本书有插画、尽量减少文字描述，希望以通俗易懂的方式向父母们阐述早产宝宝的护理方法和技巧。

本书将以两种方式进入有需要的家长手中，一种方式是春苗基金会将本书赠予我们所救助的早产儿贫困家庭；另一种方式是其他有需要的家庭购买本书。我们会用此项收入来支持本书的印刷。我们希望采用这种传递爱的方式让所有的早产宝宝都能得到科学的养护和照顾。

　　春苗基金会希望早产宝宝不但能勇敢地闯过重重难关，还能快乐健康地生活和成长。

北京春苗儿童救助基金会

2016年10月

目　录

第二部分　早产儿生长发育月月看

第一部分

了解早产儿

早产儿父母焦虑的根源来自于对早产儿可能发生的疾病的无知，以及对孩子未来是否健康的担忧。而解决这些焦虑的方法就是坚持有效的学习。

HOT   COLD

早产的原因

早产，一个困扰人类数万年的问题。人类真正认识早产，其实只有半个多世纪的历史。目前全球范围内，早产是导致围生儿①发病和死亡的重要原因。

全球早产儿发生率大概为 5%~15%，其中黑种人甚至可以高于 15%，美国白人的早产发生率也在 10% 左右。

中国对早产的发生率尚缺乏全国统一大规模的数据研究，平均来看在 8%~10%，且早产发生率呈逐年上升。

由于医学界对分娩的动因尚未明确且研究不足，所以导致早产的根本原因并不清楚。

很多妈妈对早产自责不已，家人有时候也会埋怨新妈妈让宝宝提早出来。实际上，这种自责和埋怨毫无意义，只会让新妈妈增加心理负担，加重产后抑郁。早产的原因目前有多达数十种，且尚无统一解释。目前较为常见的问题有：病毒／细菌感染、妊娠期高血压、妊娠期高血糖、多胎妊娠……在这些原因中有相当多的因素，并非是孕期可以预防或控制，对发生的深层原因也并不明确，所以指责女性孕期没有照顾好自己和胎儿完全是没有道理的。

我们建议早产儿妈妈和家人，不要总在生产后不断地追究早产原因，而是应该把重点放到已经出生的孩子身上，积极地进行母乳喂养，正确地早期干预，尽快使宝宝恢复和足月儿一样的健康。

---

① 自怀孕第28周到出生后1周这段时期定为围生期；在这阶段中的胎儿和新生儿则称为围生儿。——编者注

子宫内膜炎

羊水过多

激烈情感波动

意外受伤或手术

骨盆及脊椎畸形

肾炎

急性或慢性中毒

贫血及严重的溶血病

多胎妊娠

糖尿病

内分泌失调

妊娠期高血压疾病

胎盘早期剥离或前置胎盘

重症肺结核

早期破水

脐带异常

子宫肿瘤

肝病

羊膜早破

过劳

心脏病

肾病

双胎或胎儿畸形

子宫颈口松弛

急性传染病伴有高热

营养不良

早产儿、小样儿

WHO（世界卫生组织）对早产儿分类的定义。

定　义	胎龄（周）	占早产儿比率
轻型或晚期早产儿	32~37	84%
极低体重早产儿	28~32	10.5%
严重或超低体重早产儿	<28	5.5%

每年全球新增早产儿人数超过 1 500 万，其中 84% 是轻型或晚期早产儿，大部分经过适当的护理都可以正常生存。

小样儿（又称小于胎龄儿，宫内生长迟缓）是指出生体重低于同胎龄儿平均体重第 10 百分位数，或低于平均体重 2 个标准差的一组新生儿。有早产、足月和过期小样儿之分。

通常会把大于 37 周且小于 2.5 千克的婴儿称为"足月小样儿"。

定　义	体重数（g）
低出生体重儿（LBWI）	<2 500
极低出生体重儿（VLBWI）	1 500
超低出生体重儿（ELBWI）	<1 000

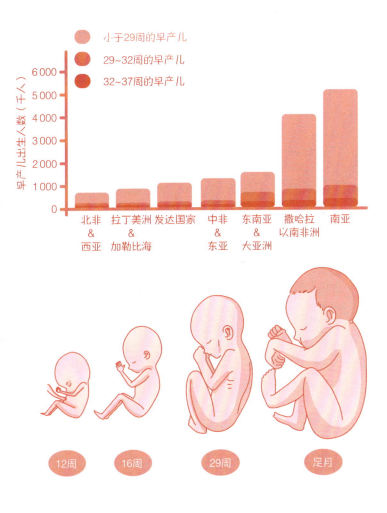

矫正月龄

早产儿因为各种原因导致提前来到这个世界上，他们没有能在母亲腹中待满40周。而一般胎儿在子宫内的最后3个月是快速生长期，早产儿们可能会因此错过了这段发育最快的时期。

对于这些早到的小天使们，如果在出生后还按照足月孩子对待，显然是不公平的。因为按照足月标准，没有几个早产儿是"正常的"，所以我们需要将他们的早产周数在一个发育周期内减掉，使其能够更准确地反映出发育情况，而这个减掉之后的月龄就是我们说的矫正月龄。

矫正月龄的计算

早产儿体格生长发育的评价应按照矫正月龄计算，而非出生月龄。

矫正月龄是以胎龄40周（预产期）为起点计算矫正后的生理月龄。举例说明：

（从预产期之后开始计算，不到预产期按周表示）

例1：宝宝预产期是2月1日，出生日期是1月1日，那么到4月1日的时候，宝宝实际出生3个月，矫正月龄是2个月。

例2：宝宝预产期是5月1日，出生日期是2月1日，那么到4月1日的时候，宝宝实际出生2个月，矫正月龄是36周（还不到预产期）。

矫正月龄用到多大？

一般来说，早产儿生长发育的评价需要使用矫正月龄到2岁，如果出生孕周小于28周，可以矫正到3岁。

40周出生的宝宝和28周出生的宝宝发育对比

（需按矫正月龄评估发育）

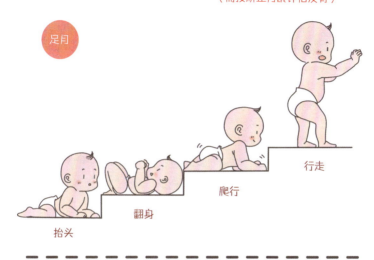

足月

行走

爬行

翻身

抬头

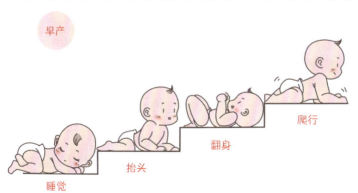

早产

爬行

翻身

抬头

睡觉

新生儿脑损伤

　　早产儿由于过早出生，被迫从一个适宜的子宫环境内离开，使大脑失去了发育的最佳环境。同时由于环境的变化、各类疾病和医疗干预的原因，也会成为很多脑损伤的导致因素。目前比较常见的早产儿相关脑损伤的类型有脑室周围白质发育不全、大脑缺氧、缺血等，这些问题通常和早产儿大脑发育不全有密切关系，有些可能会导致长期的后遗症。

　　一般新生儿脑损伤可以通过颅脑彩超、磁共振成像（MRI）或者脑电图等手段排查出损伤程度、损伤区域等。当影像学检查明确告知有脑损伤后，及时有效地开展早期干预，可以极大程度地缓解脑损伤带来的后遗症。另外，早期干预不仅可以改善早产儿肢体运动能力，而且还可以改善智力、言语能力。

　　脑损伤不等于一定有后遗症，所以当早产儿家长遇到孩子有脑损伤的时候，不要过于焦虑，要积极调整好心态，正确面对，尽早地开始干预，大部分孩子最终都是健康的宝宝。

　　早产儿的脑损伤发生率很高，但大部分都是轻度的损伤，通过早期干预可以改善。在住院期间，医生会通过早产儿的临床症状、颅脑影像学、脑电图等来评估早产儿脑损伤的程度。一般来说，比较常用颅脑彩超，颅脑 MRI 一般在矫正胎龄 40 周的时候做比较准确（除非医生认为有提早做的必要）。颅脑 CT 一般用来看颅内出血和钙化等病变，对于脑损伤颅脑 CT 使用比较少。当然，主要根据医生的判断，结合当地的医疗条件来选择。

先天性脑发育异常　　　　脑室出血

新生儿颅内出血　　　　　脑白质软化

高胆红素血症　　缺血缺氧性脑病

脑室周围白质软化　　　　低血糖性脑损伤

脑积水

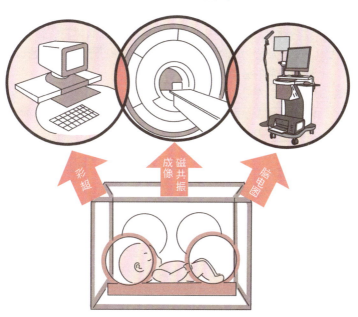

彩超　　成像磁共振　　脑电图

小儿脑瘫

脑性瘫痪（cerebral palsy,CP，简称"脑瘫"）是指小儿大脑在发育过程中受损伤或者病变，造成的随意运动的减低或丧失，也称小儿脑性瘫痪。

2014年第六届全国儿童康复、第十三届全国小儿脑瘫康复学术会议暨国际学术交流会议对脑瘫定义、分型及诊断标准进行了认真的讨论，并得出会议意见。

脑瘫定义：脑性瘫痪是一组由于发育中胎儿或婴幼儿脑部非进行性损伤，引起的运动和姿势发育持续性障碍综合征，它导致活动受限。脑性瘫痪的运动障碍常伴有感觉、知觉、认知、交流及行为障碍，伴有癫痫及继发性肌肉骨骼问题。

诊断脑瘫的必备条件：

（1）持续存在的中枢性运动障碍。

（2）运动及姿势发育异常。

（3）反射发育异常。

（4）肌张力及肌力异常。

诊断脑瘫的参考条件：

（1）引起脑瘫的病因学依据。

（2）头颅影像学佐证。

很多妈妈试图根据一次磁共振成像的结果或者某一次临床检查就来确诊到底是否脑瘫，这种想法本身就存在问题。国际上通常诊断小儿脑瘫要在2~3岁以后，而不是看到孩子发育有些落后或者部分姿势异常，甚至看到肌张力异常就立刻给几个月大的宝宝定性脑瘫，这种做法是完全错误的。

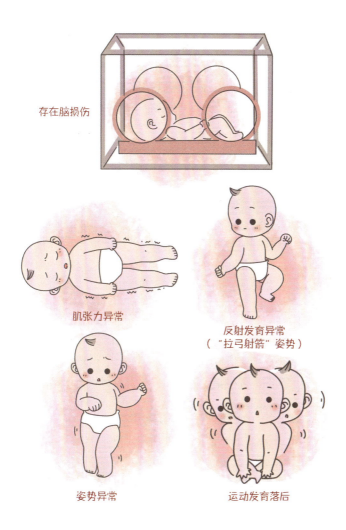

存在脑损伤

肌张力异常

反射发育异常
（"拉弓射箭"姿势）

姿势异常

运动发育落后

早期干预

　　婴儿期的大脑具有极大的可塑性，可塑性表现为可变更性和代偿性。可变更性是指某些细胞的特殊功能可以改变，代偿性是指一些细胞能代替邻近受损的神经细胞的功能，但这必须是在早期，过了一定关键期，缺陷将永久存在。

　　早期干预则是一种有组织、有目的的丰富环境的教育活动，根据婴幼儿智力发育规律，促进可能发展为脑损伤后遗症（如智力低下、脑瘫、视听障碍和行为问题等）的高危新生儿的潜能发挥，预防或减轻其伤残的发生，使其智力赶上正常儿童。

　　在2001~2004年期间，由鲍秀兰、王丹华、孙淑英等教授开展的课题《早期干预降低早产儿脑瘫发生率的研究》，由我国29个单位开展了协作研究，一共有2 684例早产儿分为早期干预组（1 390例）和常规育儿组（1 294例）。

　　在家长积极参加高危儿随访接受干预指导的干预组，在1岁时脑瘫发生率为9.4‰（13/1 390），常规组为35.5‰（46/1 294）。

　　并且，在干预组中的13例脑瘫儿中，11例为轻中度，2例为重度。而常规组中的46例，重度占1/2。

　　研究表明，通过指导家长从新生儿开始进行早期干预可降低早产儿的脑瘫发生率，使脑瘫发生率从35.5‰降至9.4‰。通常情况，早期干预一般干预得越早，效果越好，干预最好从新生儿时期开始。大脑越不成熟，生长发育越快，可塑性就越强。此外，大脑发育有关键期，在这一时期，大脑受损伤后在结构和功能上都有很强的适应和重组能力。

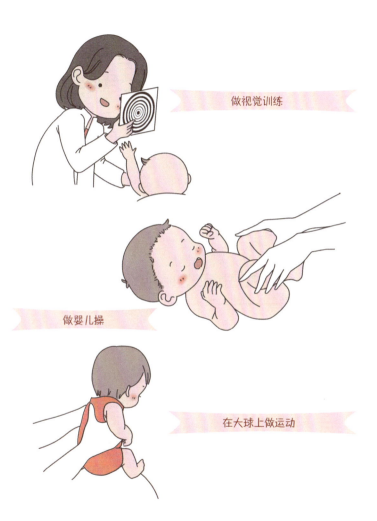

做视觉训练

做婴儿操

在大球上做运动

早产儿在院内要过哪几关

早产儿出生后往往会第一时间送入新生儿科去做检查。这些宝宝真的是要"过五关斩六将",很多"关卡"都在等着他们,其中最主要的有 3 关 :呼吸关、感染关和喂养关。

呼吸关

由于早产儿过早地被迫离开妈妈的子宫,他们身体里很多器官并没有发育成熟,如肺部发育不成熟,比较容易出现诸如呼吸窘迫综合征(RDS)等问题,这种疾病缺乏肺部表面活性物质,需要上呼吸机。

感染关

由于早产宝宝携带抗体比较少,免疫力比较低,而一些常见的新生儿科的有创操作也常常会增加感染概率。尤其是一些极低体重儿,他们患各类感染的机会要远远大于一般足月儿。

喂养关

大多数早产儿都要到矫正胎龄 34 周以上才能建立独立吸吮,在不能够自行吸吮的时候,只能通过口饲或者鼻饲喂养。也有部分早产儿由于一些胃肠疾病等,造成无法完全胃肠喂养,但庆幸的是,通过及时治疗,大多数早产儿都能够逐渐痊愈。

早产儿,尤其是极低体重早产儿的院内管理是非常复杂的,宝宝的情况变化也往往是很急速的,作为父母,此刻最需要的是与医生相互信任,保持信心,大部分宝宝都是平安健康的。

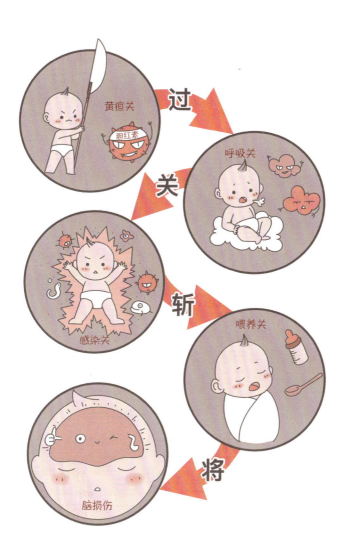

早产儿在院内吃什么

虽然大部分父母对疾病并不是很了解，但是大家对宝宝究竟在医院里吃得怎么样还是非常关心的。每次都听到很多家长在讨论自己宝宝今天可以吃到多少奶了，或者今天体重长了多少了。那么这些早来的小婴儿在新生病房里究竟吃什么呢？

母乳

早产儿妈妈的母乳是早产儿们最佳的食物，尤其是早产儿妈妈的初乳，乳汁中的热量、脂肪、钠、铁等各项值都超过普通母乳，更适合于新生早产儿。并且母乳可以很好地预防坏死性小肠结肠炎（NEC），但是对于极低体重儿的追赶性生长，单一母乳仍旧不够，需要母乳强化。

母乳强化

通常采用母乳中添加母乳强化剂（院内一般为全量强化），全量强化的母乳能量密度与院内配方奶相似。

院内配方奶

一种专门为新生儿科所生产的强化营养的液态奶，热量约在 343.09kJ/100ml 以上。

在院外的妈妈，一定要保证自己的泌乳量，爸爸也要勤快起来，每天给宝宝送去新鲜的母乳应该是爸爸最重要的事情。

早产儿完整科学的喂养方案

	院内	出院后	实现追赶性生长后
目标	达到宫内生长速率	实现追赶性生长	正常生长发育
喂养策略	院内强化	出院后过渡	常规营养
喂养方案	母乳+母乳强化剂（全量强化）院内配方	母乳+母乳强化剂（半量强化）出院后配方	母乳 足月儿配方

全量强化：强化后的母乳能量密度与院内配方奶相似，约343.09kJ/100ml
半量强化：强化后的母乳能量密度与出院后配方奶相似，约305.43kJ/100ml

见不到宝宝，家长要做什么

早产的妈妈本身就需要承受很大的心理压力，这些压力不仅来自身体和宝宝，而且还来自于医院的环境、家庭，以及对宝宝以后健康的未知。

这个时候妈妈不要过于焦虑，宝宝要比你想象得更坚强。有专业的医生和护士的照顾，相信宝宝一定可以慢慢地闯过各种难关。此时，妈妈最应该做的是放松焦虑的心情，照顾好自己，为接下来的母乳喂养做好准备。母乳，是早产儿最好的食物，而早产儿妈妈的母乳比一般足月儿妈妈母乳要更好，富含更高的热量和各类有益的元素。通常可以采用手挤奶、电动吸乳器泵奶等方法，收集宝贵的初乳，让宝宝尽早可以喝到妈妈的乳汁。一定要记住，焦虑会使母乳质量和数量发生变化，为了宝宝，请放轻松一些。

爸爸此时绝对是家庭第一主力，不仅要和医生交流宝宝的情况，还要照顾好躺在床上的妻子，安抚其心情，同时还要耐心而有技巧地去向妈妈讲解宝宝当前的情况，鼓励妈妈摆脱产后的焦虑，同时也要做好泌乳支持。有时候爸爸一句安抚的话都是可以起到很大的作用。

老人请不要给新手爸妈太多压力，尽量避免使用惋惜、抱怨的词语，因为早产发生的原因十分复杂，并不能把这些都归咎于妈妈身上。老人作为大家长，以安慰和照顾为主。此时的爸爸要在医院和家庭两边来回跑，妈妈需要安静的环境休养身体，更好地为宝宝做好泌乳支持。

因此家庭成员的意见统一，对产后还没有见到宝宝的妈妈来说非常非常重要。

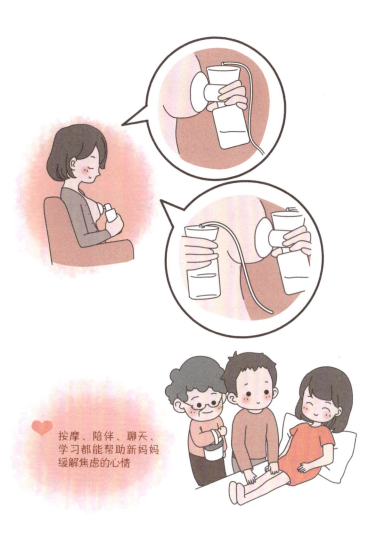

按摩、陪伴、聊天、学习都能帮助新妈妈缓解焦虑的心情

早产儿出院的标准

早产儿在住院期间，因为每个宝宝的情况不一样，所以同样两个宝宝的院内治疗差异可能会非常大，甚至是双胞胎的宝宝，也可能有着完全不同的治疗结局。我们家长不应该拿自己的孩子去和其他住院的孩子做简单的比较。不去对比，对于缓解家长焦虑是很关键的一个因素。那么我们的宝宝究竟要达到哪些标准才算相对安全，可以出院回家呢？

（1）出生体重达到 2 千克。

（2）出暖箱后体温不因环境变化而有明显波动。

（3）能够自己吃奶，有良好的体重增长。

（4）一般生命体征平稳。

当然，这些对于医生来说，可能是很细节的操作，包括血氧的监测、呼吸的监测、心动的监测、体重增长的评估等一系列的检查指标。能否顺利出院有时候也和家庭因素有关系。经常会碰到还没有做好迎接 2 千克小宝宝回家的家长，听说孩子可以出院了，反而担心自己带不好，希望继续住在新生儿科，期望体重增长得更多一些。这种心态也是非常常见，这里要给我们早产儿家长一些说明：

（1）当接到医生打来的出院通知电话后，可以立刻开始为迎接早产宝宝回家做准备。

（2）做好过往问诊的记录单总结，准备好出院时需要咨询医生的问题。

（3）不要害怕宝宝的安全问题，可以出院的宝宝相对来说都已经达到了可以家庭养育的标准。

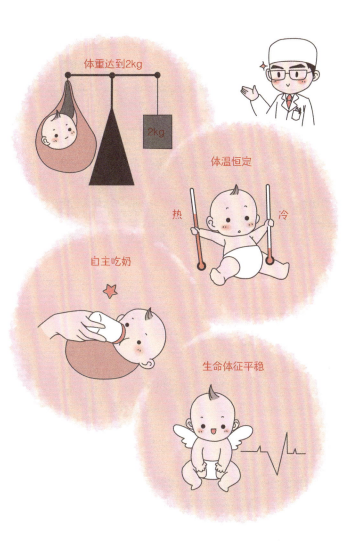

体重达到2kg

2kg

体温恒定

热　冷

自主吃奶

生命体征平稳

早产儿出院后的家庭环境布置

温度、湿度

适宜的温度和湿度，宝宝回家后感到很舒服，情绪也会更加稳定，尤其是一些有呼吸系统疾病的宝宝，良好的温度和湿度也能让他们的愈后结果更好。

温度：室内冬季 25℃左右，夏季 28℃左右。

湿度：湿度在 50% 左右，如果有慢性肺部疾病、家族过敏史的早产儿，可以适当干燥，保持湿度在 40%~45%。

在冬季，大部分南方家庭没有统一接入暖气，也可以使用电热汀或者空调来保持温度，但最好再增加一台质量合格的加湿器用来增加室内的湿度。

夏季使用空调不要直吹，将出风口下调，空调温度可以锁定在 26~27℃为宜。

通风及消毒

每日至少开窗通风 2 次，每次通风时间不少于 20 分钟。不要太频繁在房间和家具上使用消毒液。

避免接触人群

由于一些早产儿没有及时接种疫苗，免疫力低，回家后尽量不要安排太多亲友探望，尤其是还没到预产期的早产儿。如果养育人患感冒，需要及时戴口罩。外出归来、做完家务后，再次抱宝宝前一定要规范洗手，减少疾病的传播。

家里如果有人抽烟或者工作场合有接触二手烟，回家后要漱口，换家居服后，再接触宝宝，因为香烟燃烧后的有害物质会在衣服等地方长期存留，对于低体重儿，尤其是患有慢性肺部疾病的早产儿，稚嫩的呼吸道容易受到损伤而反复出现支气管和肺部炎症。

开窗~

如何准备早产儿用品

目前市面上有很多所谓的宝宝出院后用品套装，其实对于大部分宝宝来说，套装里面的很多物品并不需要准备。

奶瓶、奶嘴

正常情况下不需要准备奶瓶，尽量亲喂母乳。但是对于一些早产/低体重的宝宝来说，可能需要使用母乳强化剂，这时是可以使用奶瓶喂养的。奶嘴可采用新生儿型号。

温度器、湿度计

一般可以放置在床头，了解室内温度、湿度情况。

衣物、被子

可采用全棉的衣服和被子，如果是冬季，可以准备一些轻柔的小棉被，最好不要使用动物毛皮制品的衣被。

蚊帐

如果是夏季，最好采用蚊帐，不用蚊香。

纸尿片

采用正规厂家的婴儿纸尿片。

温奶器

对于需要使用母乳强化剂，或者冷冻奶的早产儿来说，温奶器是必备的物品之一。

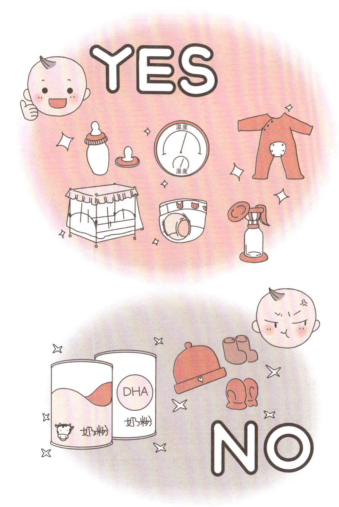

YES

NO

早产儿出行交通工具选择

通常情况下，不要赶在节假日、周末等时间出行，尽量避免人多的交通工具。如果路途不太远，可采用私家车出行，这样能极大程度避免在人群中交叉感染。在使用私家车接送宝宝的过程中，为了安全，请使用婴幼儿安全座椅，对于新生儿来说，可以采用婴儿提篮式安全座椅。不要试图在车里怀抱宝宝，即使车速只有 40km/h，紧急刹车或意外碰撞也有可能对宝宝造成致命伤害。

高铁

高铁可以作为长距离出行的首选交通工具，虽然其速度通常超过 250km/h，但震动、压强、速度等各方面都在新生婴儿可承受的范围。当高铁提速时，可以让宝宝吸乳，或者给予安抚奶嘴，宝宝吸吮时，能缓解列车提速引起的耳部不适。夏天高铁中的温度比较低，建议随身带一条小毯子。

飞机

在《中国民用航空旅客、行李国内运输规则》中，并没有对婴儿乘坐飞机出行给出规范，但是各家航空公司在婴儿出行上有各自的一些规定，大部分为：不接受出生 14 天内的婴儿乘机（有些航空公司不建议出生不足 90 天的早产儿乘机）。这是因为在飞机起降过程中，由于压力的变化，有可能会造成婴儿耳朵受损，以及还有可能会对一些心肺功能不好的宝宝、部分脑损伤的宝宝造成伤害。所以，尽可能等早产宝宝稍微大一些再乘坐飞机出行。

专家提醒:

小于12个月的宝宝,
座椅反向安装较安全。

早产儿回家后吃什么

早产儿首选的食物应该是母乳，尤其是早产儿妈妈的母乳。母乳中的各项指标均高于普通足月儿妈妈母乳，因此，大部分早产儿直接母乳喂养是首选的喂养方式。

胎龄大于 34 周，出生体重大于 2 千克，且无严重并发症、无营养不良等高危因素的健康早产儿可采用纯母乳喂养的方式。

而对于胎龄更小、体重更轻（通常低于 1.5 千克）的早产宝宝，如果体重追赶得不理想，在医生的建议和指导下，可以采取母乳加母乳强化剂的方式来喂养，且母乳加母乳强化剂为喂养此类宝宝的首选方法。

根据《早产 / 低出生体重儿喂养建议》，出院后的早产儿需要补充维生素 D 及铁。

维生素 D

早产儿 / 低体重儿出生后即可以补充维生素 D 800~1 000 U/d，3 月龄后，改为 400 U/d。

铁

早产儿一般于出生后 8 周开始补铁。预防量为元素铁每日 2mg/kg，可以分次口服，持续 12~15 个月。因为很多早产儿出生后一年有快速追赶体重的过程，造血能力比体格发育会落后，如果没有及时补充造血的原料——铁，早产儿容易出现严重的贫血。

注意：这里所说的维生素 D 和铁的摄入量包括了从食物中及光照等其他途径自然获取量。

常用的母乳喂养姿势

摇篮式抱喂

交叉搂抱式

平躺式哺乳

侧卧式哺乳

早产儿家庭护理（1）

早产儿出院后，开展正确的家庭护理支持尤为重要。作为父母首先要明白：一个温馨、舒服的家庭环境是良好的护理基础。

首先，从医院到家庭，需要一个适应的过程，比如光线、噪声、温度／湿度、人员照顾等。对于胎龄还不到 40 周的早产儿来说，回家后应该尽可能避免强光照射和较大声音的刺激，因为此时的宝宝还需要进一步模拟舒适、安静的子宫环境，继续快速生长，直至 40 周的胎龄。

其次，降低早产儿父母的过分焦虑，不要过度观察，也不要过分放松。早产宝宝有一些独特的表现，正确的认识这些行为有利于减少家长的焦虑。而一些运动发育、反射、异常姿势等知识普及也可以使家长快速发现宝宝可能潜在的问题，及时地去医院进一步检测，做到早发现、早检查、早治疗。

早产儿的保暖很重要，最好的保暖方法是我们常说的袋鼠育儿法。将宝宝与母亲（父亲）肌肤对肌肤的相贴，自然搂抱，使宝宝时刻可以感受到来自父母的体温。袋鼠育儿法不是什么新鲜的方法，而是一种古老的，来自人类进化的本能。有大量证据证明，科学的袋鼠育儿法可以极大地提高早产儿的存活率和生活质量。

早产儿大部分时间都处在睡眠中，尤其是一些胎龄不足 40 周的早产儿，每天可能要睡 20 多个小时。良好的睡眠是快速生长的基础，也是身体自我修复的重要时刻。除了喂奶外，我们尽可能不要过多地打扰宝宝睡眠，大部分的护理时间可以放到觉醒状态，或者浅睡状态进行。

妈妈袋鼠育儿

爸爸也可以
袋鼠育儿

早产儿家庭护理（2）

肚脐护理

脐带残端在出生后的 3~10 天会自然脱落，通常不建议覆盖纱布等，这样不利于其干燥脱落。每天可以采用 75% 酒精棉球轻轻擦洗脐根部和周边皮肤 1~2 次，但如果发现脐带有脓状分泌物，或者脐周围有红肿，应立刻就医。

鼻涕痂处理

宝宝经常会有鼻涕痂，找一根棉棒，蘸一些温水轻轻地将鼻涕痂取出，这样，新生儿就不会因为鼻涕痂导致鼻塞而引起其呼吸困难、张口呼吸。

母婴同室

建议母婴同室，但是不推荐长时间母婴同床。成人床上用品比较厚，可能会引起婴儿猝死综合征（SIDS）。当采用袋鼠育儿和母乳喂养时，母亲应保持清醒状态。

不要穿过多衣物

不要给宝宝穿过多衣物，也不要用被子紧紧包裹宝宝，睡眠时可将小被子轻盖在宝宝身上，判断以手脚略暖（不热）和头颈部没有汗为准。不给宝宝穿过多衣物还有利于四肢活动，促进宝宝运动发育。

医生，宝宝似乎不舒服，究竟怎么了？

宝宝捂太厚，有可能导致：
· 捂热综合征
· 易感冒、发热
· 引发皮肤病
· 影响生长发育

早产儿出院后需要做哪些检查

通常在出院小结上，主治医生会注明相应检查的时间点，因此家长一定留意出院小结。

眼底筛查

在《早产儿治疗用氧和视网膜病变防治指南》中指出，只要体重低于 2 千克，37 周以前出生的早产儿都应该到眼科进行眼底检查。眼底筛查主要是为了排查早产儿的视网膜病变，由于视网膜病变的发生和治疗有一定的"时间窗"，如果发现、治疗不及时，很可能会给宝宝造成永久性的损害，乃至失明。

听力筛查

新生儿早期的一些并发症，如缺氧、黄疸、脑损伤等，都有可能造成听力障碍的风险。由于早产儿出生过早，有些可能听力筛查不通过，一般需要进一步遵医嘱复查。

新生儿行为神经测定

当早产儿矫正月龄满 40 周时，可以到医院做新生儿行为神经测定。早产儿在 6 月龄内每月都应该做一次发育评估；6~12 月期间至少每 2 个月做一次评估；1~2 岁至少 3 个月做一次评估。

全身运动评估（简称 GMs 评估）

GMs 评估是通过高速摄像机对自然觉醒状态下的婴儿做连续拍摄，然后通过一系列的运动评估手段发现其是否存在异常的运动模式。通常该评估适合于矫正 5 个月以前的早产儿。

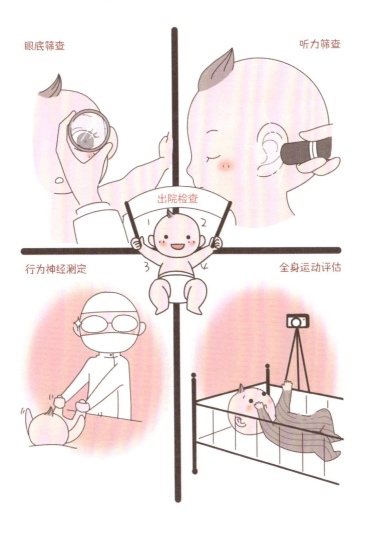

眼底筛查

听力筛查

出院检查

行为神经测定

全身运动评估

出院后就要立刻早期干预吗

　　早期干预是根据婴幼儿智力发育规律，通过丰富环境刺激的方法促进早产儿和其他高危儿在认知、语言、运动和情感交往能力等方面的发展。如果发现早产儿或高危儿有运动发育障碍，应及时开展早期康复训练，使早产儿或高危儿的大脑潜能得到充分发挥，使受伤的大脑在功能上得到代偿，达到智力和运动功能正常发展的目的。

　　早期干预包括"早期"和"干预"两部分。"早期"可理解为生命的早期和症状出现的早期，特别是出生后的第一年尤为关键。早期干预越早越好，早产儿、高危儿最好从一出生就开始。"干预"有两种含义：一种是根据婴幼儿智力发育规律进行有组织、有目的的丰富环境的刺激和教育，促进婴幼儿的智能和运动发育；而另一种情况则是在发现早产儿、高危儿有明显异常特征时，针对异常所展开的"康复训练"。所以早期干预既包括预防训练，也包括康复治疗。

　　早期干预尽量模拟正常足月儿，以尽快追赶上同龄足月儿为目标，在矫正胎龄达到 40 周之前，不需要做任何训练，这个时间段正常足月儿应该还在子宫里面，所以家庭环境也应该尽量模拟子宫，房间光线不要太亮，声音要小，不要过度刺激宝宝。除非医生认为已经出现比较严重的神经系统损伤的情况，才需要康复等措施，否则就应该给宝宝一个安静的、类似子宫的环境。婴儿期的早期干预，很重要的一点是保证宝宝的安全感，任何让宝宝过度惊恐的干预或者康复都会对宝宝的生长不利。

本体感训练

大球运动

大运动训练　爬　爬

早期干预

婴儿操

认知、言语训练

前庭功能训练

抚触按摩

母乳和奶粉比较（1）

母乳是宝宝首选的食物。相比奶粉，母乳有太多太多的优点：

（1）母乳中的蛋白更容易被宝宝吸收。

（2）富含各种恰到好处的营养素及矿物质。

（3）富含各类生物活性因子、活细胞，强化免疫力。

（4）母乳中的成分会随着宝宝的成长而改变，更加合理。

（5）增进亲子感情，提高宝宝的智能。

（6）降低妈妈患病风险。

（7）紧急情况下宝宝的救命安全食物（如地震、洪水等）。

很多人会说，母乳虽好，但是早产儿妈妈因为提前分娩，她们的母乳质量是否会比一般足月儿要差呢？其实恰恰相反，早产儿妈妈的母乳比普通足月儿妈妈的母乳要更好，更优质。对于早产儿来说，早产儿妈妈的母乳所含能量和营养成分比普通母乳要高出很多。因此，把早产儿妈妈的初乳比作"黄金液"一点都不为过（右图中可以看到，在一些关键性指标上，比如总能量、蛋白含量、钙、铁、钠等，早产儿妈妈的母乳超过了普通足月母乳很多）。

目前已经有明确证据证明：母乳喂养时间越长，早产儿将来发生成年慢性疾病（肥胖、高血压、2型糖尿病、心脑血管疾病）的概率越低；还可以极大地降低一些疾病的发生，如败血症、脑膜炎、坏死性小肠结肠炎（NEC）等；同时还能促进早产儿视网膜和中枢神经系统的成熟。

早产儿妈妈母乳与足月儿妈妈母乳比较

各种乳类的营养素组成

营养素（单位）	母乳			早产儿配方乳	出院后配方乳	足月儿配方乳	推荐摄入量	
	早产(7d)	早产(25d)	足月(28d)				最低	最高
渗透压(mmol/kg·H_2O)	302	305	302	284~310	280~290	294~330	N/A	N/A
热量（KJ）	74	73	72	80~82	72~75	67~68	110	120
蛋白质（g）	2.0	1.5	1.3	2.0~2.4	1.9~2.0	1.4~1.5	3.6	3.8
脂肪（g）	3.1	3.2	3.1	4.4~4.6	4.0~4.1	3.5~3.8	N/S	N/S
碳水化合物总（g）	6.4	6.8	6.9	7.7~8.6	7.7~8.6	7.0~7.5	N/S	N/S
乳糖（g）	6.4	6.8	6.9	4.3~6.2	4.3~6.2	7.0~7.3	3.9	11.4
钙（mg）	29	28	27	80~110	80~110	39~50	120	230
磷（mg）	13	13	14	43~63	43~63	25~33	60	140
铁（mg）	0.15	0.13	0.05	0.04~0.9	0.04~0.9	0.5~0.8	2.0	2.0
钠（mg）	39	22	16	35~42	35~42	16~19	46	69

母乳和奶粉比较（2）

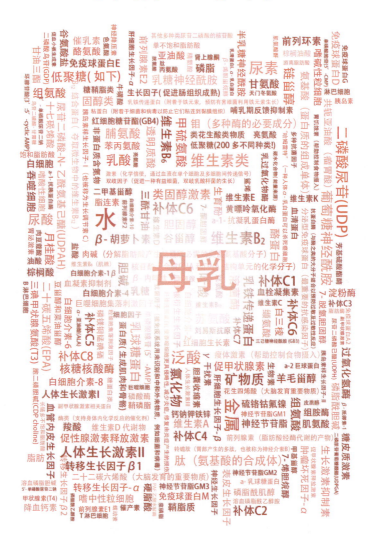

奶粉

磷酸三钠尿苷
酶
柠檬酸钠
氯化钙
硫酸铁
氨基酸
磷酸三钙
乳糖
硫酸
锰
高山被孢霉油(真菌DHA)
棕榈油(海藻ARA)
隐甲藻油
椰子豆
油油
蛋白质
王米麦芽糊精
氯化
核苷
氯化钠
磷酸钾
氯化镁
胰岛素
酸
叶
矿物质
维生素B₁₂
柠檬酸钾
大豆卵磷脂
α-生育酚醋酸酯
碘化钾
水
脂肪
高油分的红花油(或者葵花油)
不完全水解的缺乏矿物质的乳清蛋白浓缩物(取自牛奶)
硫酸锌
硫酸铜
素
生物素
维生素K₁
左旋肉碱[两种氨基酸的混合物(J1)]
泛酸钙盐酸吡哆醇
维生素B₂
碳水化合物
维生素D₃
单磷酸腺苷
硫胺硝酸盐
酰
烟
硝酸钠
重酒石酸胆碱
牛磺酸
维生素A醋酸酯
肌糖
磷酸二钠鸟苷
抗坏血酸钠
单磷酸胞苷

母乳强化剂与早产儿配方奶粉

尽管早产儿妈妈母乳的成分已经远比普通母乳更加优质，但对一些低体重的早产儿（34 周以前，体重低于 1.5 千克）来说，想要实现追赶性生长，仍然是不够的。这时候我们就需要采用母乳强化的方法，让这些早产宝宝摄入同样多奶量，还可以更快地生长，尽快地达到生长标准。

通常在新生儿重症监护病房（NICU）的时候，宝宝喝的母乳需要全量强化，使喂养的母乳能量达到 343.09kJ/100ml；出院后，则不能使用那么高热量的强化母乳，可以采用半量强化，能量达到 305.43kJ/100ml。

请一定记住：母乳强化剂是在母乳中使用的，禁止向奶粉或者水中添加强化剂给宝宝食用！

早产儿配方奶是一种更为特殊配方奶，属于特殊婴儿食品类。早产儿配方奶中含有更高的能量以及更多的营养素，其目的同样是为了让失去母乳喂养机会的早产儿可以实现追赶性生长。同样适用于 34 周以前、体重低于 1.5 千克的极低体重早产儿。

而对于没有母乳强化剂的家长，也可以采用母乳加早产儿配方奶的混合喂养来实现宝宝的追赶性生长。但我们的首选仍应该是母乳加母乳强化剂。

不管是母乳强化剂还是早产儿奶粉，这种强化措施的增加或者减量、撤退都应该遵循生长曲线来调整，简单根据宝宝的体重达到多少或者年龄达到多少，一次性停用强化措施，对孩子的追赶性生长不利。

母乳强化剂
只允许加到母乳中

看懂生长发育曲线

家长可以借助生长发育曲线来了解早产儿的生长情况。相对于传统的数字记录，使用生长发育曲线查看宝宝的生长更直观、更易理解。

生长发育曲线图有两个坐标，横坐标是月龄，纵坐标是测量数值。妈妈把宝宝每个月测量的身高/体重的数值填入图中，一段时间后，将多次测量的点连接起来就形成了一条宝宝独有的生长曲线（包括身高、体重、头围）。

在图中，通常会有5条参考线，最上面的一条是第97百分位，下面一条是第85百分位，中间的一条是第50百分位，再下面一条是第15百分位，而最后一条是第3百分位。百分位是指宝宝在所有婴幼儿中所处的排列，如果体重处在第50百分位，则说明宝宝在100个婴幼儿里面是中等的；如果体重处在第97百分位，则说明他在婴幼儿的平均体重中处于前3名的高位；如果体重处在第3百分位，则说明宝宝相对其他孩子大概在后3名左右，是比较轻的。

请记住，无论是第3百分位还是第97百分位，只要是在这两条范围内的宝宝，都是正常、健康的孩子，我们允许有高有矮、有胖有瘦的差异。因此不要盲目羡慕第97百分位的宝宝，也不要对自己的第3百分位的宝宝感到不安。

在看整个生长发育曲线的时候，不要太在意绝对值的数字，而是要多关注曲线的曲率变化。如果曲线呈明显上升状态，则身高体重即使低于第3百分位也不要着急，说明宝宝仍然在追赶。

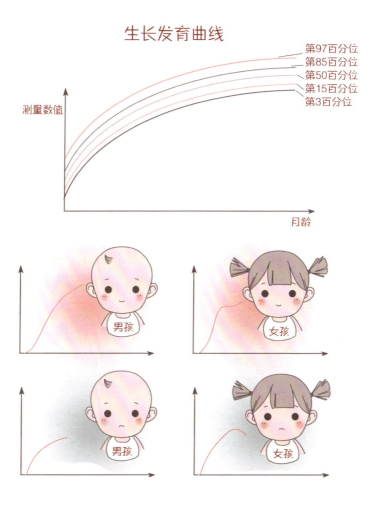

生长发育曲线

测量数值

第97百分位
第85百分位
第50百分位
第15百分位
第3百分位

月龄

男孩

女孩

男孩

女孩

新生儿抚触的意义

触觉是婴幼儿最早发展的能力之一，丰富的触觉刺激对婴幼儿的认知、情绪及社会交往的发展都有着重要影响。触觉刺激总是伴随神经系统的发展，对神经系统特别是脑功能的完善起着重要且持久的作用。

新生儿时期，最简单的触觉刺激方法就是袋鼠育儿法：妈妈只需要给新生的早产宝宝穿一条纸尿裤，用一条特制的吊带或婴儿背带将宝宝固定在妈妈或爸爸的胸前；这时妈妈或爸爸也要赤裸着前胸，和宝宝"心贴心"，用自己的体温温暖宝宝，用肌肤与肌肤之间轻柔的摩擦安抚宝宝。

对于6个月以前的宝宝，可以每天坚持给予抚触，增强体感的刺激，使其大脑快速发育。如果是矫正月龄内的宝宝，可以在怀抱的过程中做简单的触摸；矫正月龄满40周，可以在觉醒状态下，每天为宝宝做一次抚触；矫正月龄满3个月后，可以一天做2次，增强触觉的刺激。

抚触的时候请注意：

（1）不要脑子里都是按摩的套路和手法，在抚触过程中，最重要的是投入自己的感情，观察宝宝的状态，强调的是亲子互动，不要为了"做"而做。

（2）抚触时是在宝宝觉醒状态下，不要在睡眠时打扰他们。

（3）抚触时可以结合一些柔和的音乐，还可以边和宝宝说话边按摩，宝宝此刻看着妈妈的脸，视听觉同时得到刺激，效果更好。

（4）抚触是一种快乐的过程，宝宝哭闹时应停止抚触。

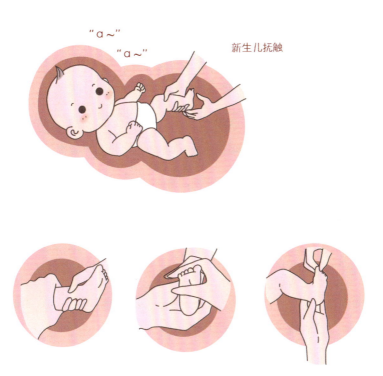

"a～"

"a～"

新生儿抚触

如何给宝宝做抚触

　　一般在洗澡结束或游泳结束后抚触效果更好。在抚触的时候可以使用一些婴儿爽身粉或者婴儿油，这样可以让宝宝皮肤更顺滑。如果是背后的捏脊，建议使用爽身粉，这样家长操作起来的难度会降低。

　　通常在抚触前，我们可以先做以下工作：

　　（1）调节好室温，让宝宝光着上身也不会着凉。如果是在冬季，一些没有暖气的家庭，可以用电热汀来提高房间局部温度。局部温度在28℃左右比较适宜。

　　（2）用温热的水清洁自己的双手，让双手保持温暖。温润的双手可以降低粗糙感，按摩中宝宝也会更舒服。

　　（3）开启轻缓、柔美的音乐做背景音，好听的音乐可以让宝宝放松安静下来。

　　（4）灯光也要柔和，宝宝仰躺的上部可见区域最好不要有灯源。

　　（5）抚触前，伴随轻柔的音乐和宝宝聊一聊天，轻轻地摇一摇他的小胳膊，告诉宝宝，妈妈要开始做按摩了，希望宝宝喜欢。充满爱的语言和笑容可以迅速让宝宝进入安稳的状态。

　　（6）注意观察宝宝的状态，如果他的状态不好，比较烦躁，则抚触按摩可以不做，等到宝宝状态较为放松愉悦时再开始。还是那句话：不要为了做抚触而做，而是要通过抚触让宝宝舒舒服服、欢喜快乐。

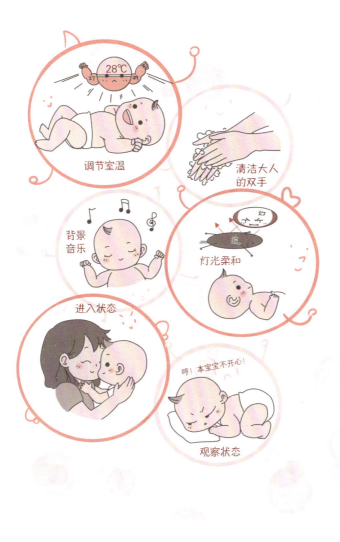

调节室温

清洁大人的双手

背景音乐

灯光柔和

进入状态

哼！本宝宝不开心！

观察状态

头、面部抚触

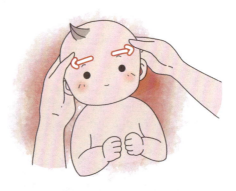

从额部中央沿着眉毛上方向两侧推，直至太阳穴。
动作轻缓、力适中，5次。

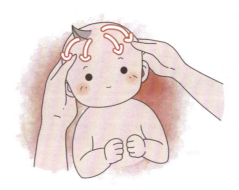

沿着前额发际，向额前做梳头状按摩，直至耳后方。
动作轻缓、力适中，5次。

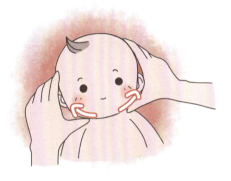

从下颌中央向两侧耳垂画笑脸状。
动作轻缓、力适中，5次。

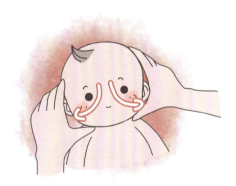

从内眉梢处经过鼻翼两侧，画弧线过脸颊至耳垂
动作轻缓、力适中，5次。

胸、背部抚触

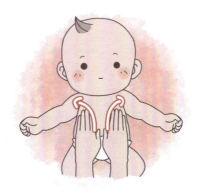

沿着腹部上部向胸大肌两侧做弧形按摩，
动作轻缓、力适中，5次。

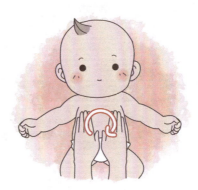

单掌或者双掌交替以肚脐为中心，顺时针按揉，
动作轻缓、力适中，10圈。

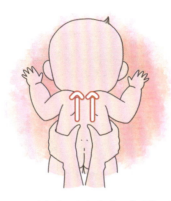

用双手大拇指从尾骨部位沿着脊椎两侧
一直推到颈椎部动作轻缓、力适中，5次。

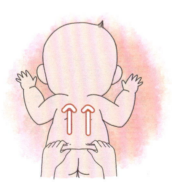

捏脊是从尾骨一直捏到颈椎部，轻提起后背皮肤向上搓揉，
可以采用"三捏一提"的方法。
动作轻缓、力适中，3次。

上肢抚触

双手轻握婴儿手臂，
交替从上臂至手腕轻轻挤捏，
之后再从上到下搓揉。
动作轻缓、力适中，5次。

张开五指，用拇指顺时针搓揉手背。
动作轻缓，力适中，5次。

张开掌心，用拇指顺时针搓揉手心。
动作轻缓，力适中，5次。

三指捏宝宝手指，从指根部搓至指尖部，
十根手指依次进行。
动作轻缓，力适中，每根手指2次。

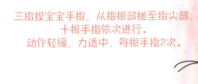

三指捏
示意图

下肢抚触

双手轻握婴儿大腿，交替从大腿至脚踝
轻轻挤捏，之后再从上到下搓滚。
动作轻缓，力适中，5次。

握住脚掌心，
用拇指顺时针搓揉脚掌心。
动作轻缓，稍用力，5次。

握住脚掌心，用拇指顺时针搓揉脚掌心。
动作轻缓，稍用力，5次。

两指捏宝宝脚趾，
从指根部搓至趾尖部，十根脚趾依次进行
动作轻缓，力适中，每根脚趾2次。

疫苗接种时间表

一定要按时接种疫苗！

月（年）龄	接种疫苗
出生24小时内	乙肝疫苗
	卡介苗
1月龄	乙肝疫苗
2月龄	脊髓灰质炎灭活疫苗
3月龄	脊髓灰质炎减毒活疫苗
	百白破疫苗
4月龄	脊髓灰质炎减毒活疫苗
	百白破疫苗
5月龄	百白破疫苗
6月龄	乙肝疫苗
	A群流脑多糖疫苗
8月龄	乙型脑炎减毒活疫苗
	麻疹和风疹病毒活疫苗
9月龄	A群流脑多糖疫苗
18月龄	百白破疫苗
	麻疹、腮腺炎和风疹联合病毒活疫苗
	甲肝减毒活疫苗
2岁	乙型脑炎减毒活疫苗

次数	可预防的传染病
第1次	乙型病毒性肝炎
第1次	结核病
第2次	乙型病毒性肝炎
第1次	脊髓灰质炎（小儿麻痹症）
第1次	脊髓灰质炎（小儿麻痹症）
第1次	百日咳、白喉、破伤风
第2次	脊髓灰质炎（小儿麻痹症）
第2次	百日咳、白喉、破伤风
第3次	百日咳、白喉、破伤风
第3次	乙型病毒性肝炎
第1次	A群脑膜炎球菌（流行性脑脊髓膜炎）
第1次	乙型脑炎病毒（流行性乙型脑炎）
第1次	麻疹
第2次	A群脑膜炎球菌（流行性脑脊髓膜炎）
第4次	百日咳、白喉、破伤风
第1次	麻疹、腮腺炎、风疹
第1次	甲型肝炎
第2次	乙型脑炎病毒（流行性乙型脑炎）

第二部分

早产儿生长发育月月看

掌握好婴幼儿的发育规律，就可以
对早产宝宝未来是否健康"未卜先知"。

身高/体重/头围发育标准

1月龄宝宝

	−3 sd	−2 sd
身高（cm）	47.2	49.7
体重（kg）	2.2	2.9
头围（cm）	33.8	34.9

	−3 sd	−2 sd
身高（cm）	46.7	49
体重（kg）	2.2	2.8
头围（cm）	33	34.2

特别强调

以上数据对于早产儿，均按照矫正月龄查看。

说明：中位数，表示处于人群的平均水平；如果在"−1 sd~中位数~+1 sd"即：中位数上、下一个标准差范围之内，属于"正常范围"，代表了 68% 的儿童；如果在"（−2 sd~−1 sd）或者（+1 sd~+2 sd）"即：中位数上、下两个标准差范围之内，则定义为"偏矮（高）"，代表了 27.4% 的儿童；如果在"（−3 sd~−2 sd）或者（+2 sd~+3 sd）"即：中位数上、下三个标准差之内，则定义为"矮（高）"，代表了 4.6% 的儿童。极少儿童在三个标准差（＜−3 sd 或＞ +3 sd）之外（比率小于 0.5%）。

−1 sd	中位数	+1 sd	+2 sd	+3 sd
52.1	54.6	57	59.5	61.9
3.6	4.3	5	5.6	6.3
36.1	37.3	38.4	39.6	40.8

−1 sd	中位数	+1 sd	+2 sd	+3 sd
51.2	53.5	55.8	58.1	60.4
3.4	4	4.5	5.1	5.6
35.4	36.5	37.7	38.9	40.1

精细/粗大运动发育标准

精细运动

宝宝的手经常握成小拳头。当你触碰宝宝手心，宝宝的手会握成小拳头。

宝宝拇指会放到手指外面，但由于原始握持反射还没消失，部分宝宝会表现为内扣，家长看到内扣不要担心。足月宝宝在6个月前很多也是生理性内扣。病理性内扣应结合更多其他多个综合指标，并由医生评估判断。

粗大运动

拉手腕可坐起，头可竖立2~5秒。

趴着时，小屁股会抬起，双膝屈曲，两腿蜷缩在下方，头转向身体一侧，脸贴在床上。

不能随意运动，无法改变身体的姿势和位置，动作多为无规则、不协调的运动。

 # 语言/社交发育标准

语言

宝宝好乖哦~

自主发出各种细小的喉音。

社交

能够追视，盯着身边的人看。

觉醒时，大部分时间会不明确地呆视周围，当家人出现时，能短时间注视。

适应能力发育标准

能看到距离脸部25cm以内的物体,平躺时可以追视这一范围内移动的物体,追视范围通常小于90°。

"呼"

听到不同的声音会有不同反应,当突然出现较大、较刺激的声音时(如关门、突然大声讲话等),宝宝会有颤抖等惊吓动作。

如果把大小适合的物品放入宝宝手中，宝宝会将物品短时间地握住。

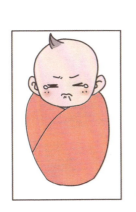

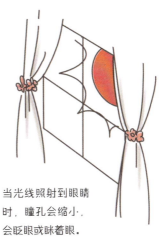

当光线照射到眼睛时，瞳孔会缩小，会眨眼或眯着眼。

身高/体重/头围发育标准

2月龄宝宝

	−3 sd	−2 sd
身高（cm）	50.4	52.9
体重（kg）	2.6	3.5
头围（cm）	35.6	36.8

	−3 sd	−2 sd
身高（cm）	49.6	52
体重（kg）	2.7	3.3
头围（cm）	34.6	35.8

特别强调
以上数据对于早产儿，均按照矫正月龄查看。

说明：中位数，表示处于人群的平均水平；如果在"−1 sd~中位数~+1 sd"即：中位数上、下一个标准差范围之内，属于"正常范围"，代表了68%的儿童；如果在"（−2 sd~−1 sd）或者（+1 sd~+2 sd）"即：中位数上、下两个标准差范围之内，则定义为"偏矮（高）"，代表了27.4%的儿童；如果在"（−3 sd~−2 sd）或者（+2 sd~+3 sd）"即：中位数上、下三个标准差之内，则定义为"矮（高）"，代表了4.6%的儿童。极少儿童在三个标准差（＜−3 sd或＞+3 sd）之外（比率小于0.5%）。

−1 sd	中位数	+1 sd	+2 sd	+3 sd
55.5	58.1	60.7	63.2	65.8
4.3	5.2	6	6.8	7.6
38	39.1	40.3	41.5	42.6

−1 sd	中位数	+1 sd	+2 sd	+3 sd
54.4	56.8	59.2	61.6	64
4	4.7	5.4	6.1	6.8
37	38.3	39.5	40.7	41.9

精细/粗大运动发育标准

精细运动

用带手柄的玩具触碰宝宝掌心（比如拨浪鼓），能握住2~3秒。

将易握持的小玩具放在宝宝手中，小手能短暂地举起小玩具。

粗大运动

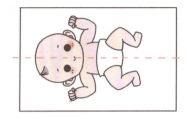

平躺时，身体的姿势基本成对称状态。

趴着时，可以挣扎着抬起头并四处张望，下巴能离开床面5~7cm，抬头时间只有几秒。

拉坐时，比新生儿时期保持时间稍长，但头很快也会垂下来。

语言/社交发育标准

语言

能发出"a、o、e"等元音，有时还会发出"gugu"声或"dudu"声。

对宝宝讲话时，宝宝注意力比较集中，偶尔可以发出声音回应。

对大人的面部表情比较关注的是笑容，如果逗引宝宝，会引起发声、微笑或手脚胡乱挥动等反应。

社交

能认识亲人，对身边其他人也可以有微笑。

可以用表情表达情绪，比如微笑、惊慌、好奇等。

适应能力发育标准

能够立刻注意到体积较大的物体。

视觉集中的现象越来越明显，喜欢看熟悉的亲人的脸。

眼珠转动更加灵活，不仅可以注意静止物体，还能追随物体而转移视线。

注意的时间逐渐延长。

有嗅觉敏感性的能力，可以依赖嗅觉寻找妈妈乳头。

身高/体重/头围发育标准

3月龄宝宝

	−3 sd	−2 sd
身高（cm）	53.2	55.8
体重（kg）	3.1	4.1
头围（cm）	37	38.1

	−3 sd	−2 sd
身高（cm）	52.1	54.6
体重（kg）	3.2	3.9
头围（cm）	35.8	37.1

特别强调

以上数据对于早产儿，均按照矫正月龄查看。

说明：中位数，表示处于人群的平均水平；如果在"−1 sd~ 中位数 ~+1 sd"即：中位数上、下一个标准差范围之内，属于"正常范围"，代表了 68% 的儿童；如果在"（−2 sd~−1 sd）或者（+1 sd~+2 sd）"即：中位数上、下两个标准差范围之内，则定义为"偏矮（高）"，代表了 27.4% 的儿童；如果在"（−3 sd~−2 sd）或者（+2 sd~+3 sd）"即：中位数上、下三个标准差之内，则定义为"矮（高）"，代表了 4.6% 的儿童。极少儿童在三个标准差（＜−3 sd 或＞+3 sd）之外（比率小于 0.5%）。

−1 sd	中位数	+1 sd	+2 sd	+3 sd
58.5	61.1	63.8	66.4	69
5	6	6.9	7.7	8.6
39.3	40.5	41.7	42.9	44.1

−1 sd	中位数	+1 sd	+2 sd	+3 sd
57.1	59.5	62.0	64.5	67
4.7	5.4	6.2	7	7.7
38.3	39.5	40.8	42	43.3

精细/粗大运动发育标准

精细运动

将玩具触碰宝宝手掌，能握持住，并能举起带手柄的玩具较长时间。

平躺时偶尔会用小手抓自己衣服或头发。

可以将手中的东西放进口中。

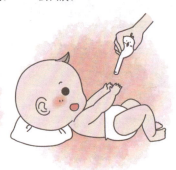

双手不再握拳，交给他玩具时，不需要强行掰开手指再放进去。

粗大运动

俯卧抬头可以到45°。

双手在一起时可以放在中线位置，两腿有时会弯曲或伸直。

平躺时，头部可以自由转向两侧。

扶坐时，头部竖起，但不稳，微微有些摇动，身体向前倾。

语言/社交发育标准

语言

偶尔可以笑出声音。

可以发出多个音节的音。

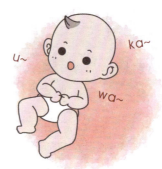

社交

开始模仿大人的面部表情，比如说话时也会张开嘴，睁大眼睛，大人伸舌头时也可以模仿其动作。

适应能力发育标准

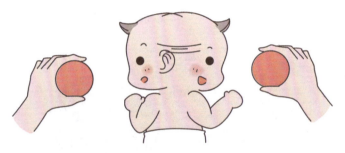

眼球跟红球可以转动180°。

随着身体将注意力从一侧转移到另一侧。

嗅觉进一步强化，逐渐会回避不好闻的气味。

对外界的反应更加强烈，喜欢明亮的环境，喜欢室外环境。

身高/体重/头围发育标准

4月龄宝宝

	−3 sd	−2 sd
身高（cm）	55.6	58.3
体重（kg）	3.7	4.7
头围（cm）	38	39.2

	−3 sd	−2 sd
身高（cm）	54.3	56.9
体重（kg）	3.7	4.5
头围（cm）	46.8	38.1

特别强调

以上数据对于早产儿，均按照矫正月龄查看。

说明：中位数，表示处于人群的平均水平；如果在"−1 sd~中位数~+1 sd"即：中位数上、下一个标准差范围之内，属于"正常范围"，代表了68%的儿童；如果在"(−2 sd~−1 sd)或者(+1 sd~+2 sd)"即：中位数上、下两个标准差范围之内，则定义为"偏矮(高)"，代表了27.4%的儿童；如果在"(−3 sd~−2 sd)或者(+2 sd~+3 sd)"即:中位数上、下三个标准差之内，则定义为"矮(高)"，代表了4.6%的儿童。极少儿童在三个标准差(＜−3 sd或＞+3 sd)之外(比率小于0.5%)。

−1 sd	中位数	+1 sd	+2 sd	+3 sd
61	63.7	66.4	69.1	71.7
5.7	6.7	7.6	8.5	9.4
40.4	41.6	42.8	44	45.2

−1 sd	中位数	+1 sd	+2 sd	+3 sd
59.4	62	64.5	67.1	69.6
5.3	6	6.9	7.7	8.6
39.3	40.6	41.8	43.1	44.4

精细/粗大运动发育标准

精细运动

可以摇动拨浪鼓等带柄玩具较长时间，并能注视手中物品。

粗大运动

俯卧抬头可达90°。

扶腋下可站立片刻。

身体可以侧翻。

趴着时，会出现被动翻身的倾向，会不由
自主地滚向卧位。

 # 语言/社交发育标准

语言

能高声叫，咿咿呀呀作声，能发出一连串不同的语音。

能自由地发出笑声应对大人的逗引。

开始逐渐学会用声音表达内心对周围环境的喜悦或好奇。

社交

认识亲人。

对镜子开始感兴趣，能对镜中的自己有所反应。

喂奶时，可以将双手放在妈妈乳房上，或者轻抱奶瓶吃奶。

适应能力发育标准

听到响声时，会明确注意到物体。

看到玩具后，会挥动双臂想要抓住玩具。

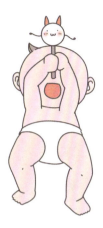

平躺时，头可以自由转动180°查看感兴趣的
物品，如果拿到带手柄的玩具，会举起来看。

注意力转移，当宝宝手里拿着一个玩具，大人此时
拿来另一个玩具，宝宝会明确地看着另一个玩具。

身高/体重/头围发育标准

5月龄宝宝

	−3 sd	−2 sd
身高（cm）	57.8	60.5
体重（kg）	4.3	5.3
头围（cm）	38.9	40.1

	−3 sd	−2 sd
身高（cm）	56.3	58.9
体重（kg）	4.1	5
头围（cm）	37.6	38.9

特别强调

以上数据对于早产儿，均按照矫正月龄查看。

　　说明：中位数，表示处于人群的平均水平；如果在"−1 sd~中位数~+1 sd"即：中位数上、下一个标准差范围之内，属于"正常范围"，代表了68%的儿童；如果在"（−2 sd~−1 sd）或者（+1 sd~+2 sd）"即：中位数上、下两个标准差范围之内，则定义为"偏矮（高）"，代表了27.4%的儿童；如果在"（−3 sd~−2 sd）或者（+2 sd~+3 sd）"即：中位数上、下三个标准差之内，则定义为"矮（高）"，代表了4.6%的儿童。极少儿童在三个标准差（＜−3 sd或＞+3 sd）之外（比率小于0.5%）。

−1 sd	中位数	+1 sd	+2 sd	+3 sd
63.2	65.9	68.6	71.3	74
6.3	7.3	8.2	9.2	10.1
41.4	42.6	43.8	45	46.2

−1 sd	中位数	+1 sd	+2 sd	+3 sd
61.5	64.1	66.7	69.3	71.9
5.8	6.7	7.5	8.4	9.3
40.2	41.5	42.7	44	45.3

精细/粗大运动发育标准

精细运动

能抓住近处的玩具。

轻拉手腕即可坐起，身
体会前倾。

粗大运动

可以从仰卧位翻到俯卧位，
但不是很熟练。

躺着时，偶尔可以抱着脚吸
吮脚趾。

能自然地踢腿来移动身体。

语言/社交发育标准

语言

对外界环境或物品的变化可以发出更多的声音来表示情绪。

喜欢熟悉的食物，还会偶尔对自己或玩具"说话"（发出各种声音）。

社交

听到声音，会对声音做出明确反应，试图找到声源。

见到食物会表示兴奋。

当宝宝看到想要接触的东西无法得到时，或者心理无法满足时，会通过喊叫、哭闹等寻求大人帮助。

 ## 适应能力发育标准

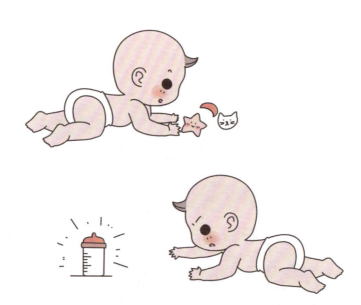

对近处的玩具会直接靠近并抓住，对较远而感兴趣的玩具，会试图抓取。

如果大人将宝宝正在注视的玩具拿起来，宝宝会顺着
大人手的方向寻找玩具。

身高/体重/头围发育标准

6月龄宝宝

	−3 sd	−2 sd
身高（cm）	59.8	62.4
体重（kg）	4.9	5.9
头围（cm）	39.7	40.9

	−3 sd	−2 sd
身高（cm）	58	60.6
体重（kg）	4.6	5.5
头围（cm）	38.3	39.6

特别强调

以上数据对于早产儿，均按照矫正月龄查看。

说明：中位数，表示处于人群的平均水平；如果在"−1 sd~中位数~+1 sd"即：中位数上、下一个标准差范围之内，属于"正常范围"，代表了 68% 的儿童；如果在"（−2 sd~−1 sd）或者（+1 sd~+2 sd）"即：中位数上、下两个标准差范围之内，则定义为"偏矮（高）"，代表了 27.4% 的儿童；如果在"（−3 sd~−2 sd）或者（+2 sd~+3 sd）"即：中位数上、下三个标准差之内，则定义为"矮（高）"，代表了 4.6% 的儿童。极少儿童在三个标准差（＜−3 sd 或＞+3 sd）之外（比率小于 0.5%）。

−1 sd	中位数	+1 sd	+2 sd	+3 sd
65.1	67.8	70.5	73.2	75.9
6.9	7.8	8.8	9.8	10.8
42.1	43.3	44.6	45.8	47

−1 sd	中位数	+1 sd	+2 sd	+3 sd
63.3	65.9	68.6	71.2	73.9
6.3	7.2	8.1	9	10
40.9	42.2	43.5	44.8	46.1

精细/粗大运动发育标准

精细运动

小手会撕纸。

可以伸手碰倒积木。

衣服盖在脸上，会用手将
衣服拿开。

粗大运动

可顺利地从仰卧到俯卧翻身。

宝宝能够短暂独坐，坐立时，身体会较明显前倾。

有时双手双膝可撑起身体。

语言/社交发育标准

语言

发出的声音大小、高低、快慢有了变化。

"a~"

可以通过声音表达高兴或不高兴，对不同声调会有不同反应。

叫名字时有反应，会转过头来。

社交

会玩躲猫猫。

照镜子时可以分辨出自己，会对镜中人微笑。

开始认生，不喜欢陌生人。

如果遇到不喜欢的事情（如洗脸等），会用手将大人推开。

适应能力发育标准

能察觉到双手和手中物品的关系，会寻找掉在地上的玩具。

会玩着第一块积木，去拿第二块，并且可以注视着第三块。

大人给的东西可以很快地
用手去拿，并且很稳定。

可以双手同时拿两件玩具。

 # 身高/体重/头围发育标准

7月龄宝宝

	−3 sd	−2 sd
身高（cm）	61.5	64.1
体重（kg）	5.4	6.4
头围（cm）	40.3	41.5

	−3 sd	−2 sd
身高（cm）	59.5	62.2
体重（kg）	5	5.9
头围（cm）	38.9	40.2

 特别强调

以上数据对于早产儿，均按照矫正月龄查看。

说明：中位数，表示处于人群的平均水平；如果在"−1 sd~中位数~+1 sd"即：中位数上、下一个标准差范围之内，属于"正常范围"，代表了68%的儿童；如果在"（−2 sd~−1 sd）或者（+1 sd~+2 sd）"即：中位数上、下两个标准差范围之内，则定义为"偏矮（高）"，代表了27.4%的儿童；如果在"（−3 sd~−2 sd）或者（+2 sd~+3 sd）"即：中位数上、下三个标准差之内，则定义为"矮（高）"，代表了4.6%的儿童。极少儿童在三个标准差（＜−3 sd或＞+3 sd）之外（比率小于0.5%）。

−1 sd	中位数	+1 sd	+2 sd	+3 sd
66.8	69.5	72.2	74.8	77.5
7.4	8.3	9.3	10.3	11.3
42.7	44	45.2	46.4	47.7

−1 sd	中位数	+1 sd	+2 sd	+3 sd
64.9	67.6	70.3	72.9	75.6
6.8	7.7	8.7	9.6	10.5
41.5	42.8	44.1	45.5	46.8

精细/粗大运动发育标准

精细运动

手指可以做弯曲抓物的动作。

能将一个物品从一只手传递到另一只手中。

会连续地取物。

粗大运动

可以顺利地吃到脚。

稳定地独坐。

趴着时，有时可以用双手、双膝撑起身体，前后摇动。

可以从爬行位转换到坐立位。

 # 语言/社交发育标准

语言

能发出无所指的"da-da"、"ma-ma"的音。

可以开始模仿不同声音，比如咳嗽、咂舌等声音。

对熟悉的人和陌生人，会发出不太一样的声音。

社交

会对镜子里面的自己玩游戏。

不要!
宝宝要妈妈!

认生。

阿姨

适应能力发育标准

可以伸手够远处的玩具。

拿到一个新物品后，会翻来覆去地看看、摸摸、摇摇，表现出好奇。

可以拿起一个较为硬的物品自
上而下敲击。

给宝宝一个发声小鼓等玩具,
宝宝会主动摇动。

身高/体重/头围发育标准

8月龄宝宝

	−3 sd	−2 sd
身高（cm）	63	65.7
体重（kg）	5.9	6.9
头围（cm）	40.8	42

	−3 sd	−2 sd
身高（cm）	60.9	63.7
体重（kg）	5.3	6.3
头围（cm）	39.4	40.7

特别强调

以上数据对于早产儿，均按照矫正月龄查看。

说明：中位数，表示处于人群的平均水平；如果在"−1 sd～ 中位数 ～+1 sd"即：中位数上、下一个标准差范围之内，属于"正常范围"，代表了 68% 的儿童；如果在"（−2 sd～−1 sd）或者（+1 sd～+2 sd）"即：中位数上、下两个标准差范围之内，则定义为"偏矮（高）"，代表了 27.4% 的儿童；如果在"（−3 sd～−2 sd）或者（+2 sd～+3 sd）"即：中位数上、下三个标准差之内，则定义为"矮（高）"，代表了 4.6% 的儿童。极少儿童在三个标准差（＜−3 sd 或＞+3 sd）之外（比率小于 0.5%）。

−1 sd	中位数	+1 sd	+2 sd	+3 sd
68.3	71	73.6	76.3	78.9
7.8	8.8	9.8	10.8	11.8
43.3	44.5	45.8	47	48.3

−1 sd	中位数	+1 sd	+2 sd	+3 sd
66.4	69.1	71.8	74.5	77.2
7.2	8.2	9.1	10.1	11.1
42	43.4	44.7	46	47.4

精细/粗大运动发育标准

精细运动

可以用拇指配合其他手指捏住积木，或者拾起地面上的小物品。

对于远处或者不容易够到的物品，会努力将手指伸向玩具，注意力较为集中。

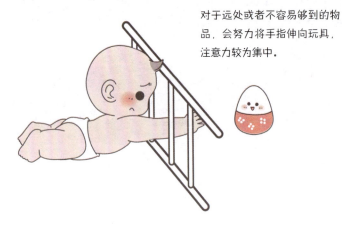

粗大运动

可以仰卧–俯卧、俯卧–仰卧自由地翻滚。

趴着时可以支撑起身体，原地打转或者开始后退。

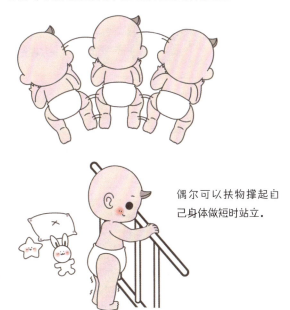

偶尔可以扶物撑起自己身体做短时站立。

语言/社交发育标准

语言

开始模仿发声

听到"不"等否定意义的词后，有动作暂停的反应（但有可能暂停一下继续做原来正在进行的事情）。

对于熟悉的声音，如叫名字、门铃等有明显反应，会扭头或转身寻找。

抱抱~

会用身体语言与人交流，比如伸手要求抱抱，不同意的时候会摇头等。

社交

开始观察大人的行为，可以理解大人部分的动作要求，比如伸手抱抱等。

开始模仿大人部分动作，比如飞吻等。

开始理解大人部分的话语和面部表情，逐步识别他人的情绪，懂得微笑、委屈等。

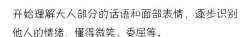

宝宝不开心啦！

开始有怯生感，怕与父母分开。

适应能力发育标准

可以长时间地持续玩摇铃。

拿着感兴趣的玩具
逗引宝宝，会引起
宝宝追逐妈妈手中
的玩具。

可以拿两块积木对敲。

将小球放入大口径瓶中，
宝宝能将小球倒出，并伸
手够取。

 **身高/体重/头围发育标准**

9月龄宝宝

	−3 sd	−2 sd
身高（cm）	64.4	67
体重（kg）	6.3	7.2
头围（cm）	41.2	42.5

	−3 sd	−2 sd
身高（cm）	62.2	65
体重（kg）	5.7	6.6
头围（cm）	39.8	41.2

 特别强调

以上数据对于早产儿，均按照矫正月龄查看。

说明：中位数，表示处于人群的平均水平；如果在"−1 sd~中位数~+1 sd"即：中位数上、下一个标准差范围之内，属于"正常范围"，代表了 68% 的儿童；如果在"（−2 sd~−1 sd）或者（+1 sd~+2 sd）"即：中位数上、下两个标准差范围之内，则定义为"偏矮（高）"，代表了 27.4% 的儿童；如果在"（−3 sd~−2 sd）或者（+2 sd~+3 sd）"即：中位数上、下三个标准差之内，则定义为"矮（高）"，代表了 4.6% 的儿童。极少儿童在三个标准差（＜−3 sd 或＞+3 sd）之外（比率小于 0.5%）。

−1 sd	中位数	+1 sd	+2 sd	+3 sd
69.7	72.3	75	77.6	80.3
8.2	9.2	10.2	11.3	12.3
43.7	45	46.3	47.5	48.8

−1 sd	中位数	+1 sd	+2 sd	+3 sd
67.7	70.4	73.2	75.9	78.7
7.6	8.6	9.6	10.5	11.5
42.5	43.8	45.2	46.5	47.8

精细/粗大运动发育标准

精细运动

会拍手，可以拿两件物品相互击打。

能自己轻松拿奶瓶喝奶。

可以用示指指物品或方向。

能将两块积木叠起来。

粗大运动

可以爬行（腹爬或手、膝爬）。

能双手握着玩具独自坐稳，不摔倒，可以稳稳地坐小椅子。

能扶物站立一会儿。

语言/社交发育标准

语言

能在大人引导下模仿"欢迎""再见"。

可以   不行   再见

会注意听他人唱歌或说话，并对自己名字以外的两个字
有反应，比如："可以""不行""再见"等。

兔子

能听懂简单的指令，
比如拿指定玩具等。

社交

可以向大人表示"不要"。 能从镜子中分辨出自己
和亲人。

对其他宝宝产生同理心，
比如看到其他宝宝哭也会
哭，其他宝宝笑，也会开
心等。

宝宝真棒!

在家人面前表演一些动作
时，获得表扬或鼓励后会
重复表演。

适应能力发育标准

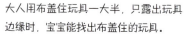

大人用布盖住玩具一大半，只露出玩具边缘时，宝宝能找出布盖住的玩具。

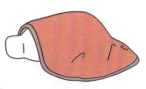

能够用手指捡起身边的小物品并玩弄。

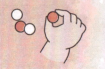

能将积木放入盒子，也能从盒子中取出。

对做得好的事情，会希望得到奖赏。

对别人玩的游戏感兴趣。

身高/体重/头围发育标准

10月龄宝宝

	-3 sd	-2 sd
身高（cm）	65.7	68.3
体重（kg）	6.6	7.6
头围（cm）	41.6	42.9

	-3 sd	-2 sd
身高（cm）	63.5	66.2
体重（kg）	5.9	6.9
头围（cm）	40.2	41.5

特别强调

以上数据对于早产儿，均按照矫正月龄查看。

说明：中位数，表示处于人群的平均水平；如果在"−1 sd~中位数~+1 sd"即：中位数上、下一个标准差范围之内，属于"正常范围"，代表了 68% 的儿童；如果在"（−2 sd~−1 sd）或者（+1 sd~+2 sd）"即：中位数上、下两个标准差范围之内，则定义为"偏矮（高）"，代表了 27.4% 的儿童；如果在"（−3 sd~−2 sd）或者（+2 sd~+3 sd）"即：中位数上、下三个标准差之内，则定义为"矮（高）"，代表了 4.6% 的儿童。极少儿童在三个标准差（＜−3 sd 或＞+3 sd）之外（比率小于 0.5%）。

−1 sd	中位数	+1 sd	+2 sd	+3 sd
71	73.6	76.3	78.9	81.6
8.6	9.5	10.6	11.7	12.7
44.1	45.4	46.7	47.9	49.2

−1 sd	中位数	+1 sd	+2 sd	+3 sd
69	71.8	74.5	77.3	80.1
7.9	8.9	9.9	10.9	11.9
42.9	44.2	45.6	46.9	48.3

精细/粗大运动发育标准

精细运动

能用拇指、示指等捏住小物品。

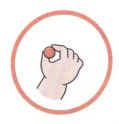

会用手指出身体的部位，如头、手、耳朵等。

会推、拉一些悬吊类玩具或稍复杂的小车玩具。

粗大运动

扶着家具可以行走。

能在沙发、小椅子上面爬
上爬下。

部分宝宝可以手掌支撑地
面独立站起来。

能从坐立位转到爬行位，并进一
步用手支撑站立或扶物站立。

语言/社交发育标准

语言

会叫"爸爸"或"妈妈"。

能说一两个字，但发音不一定清楚。

"不""再见"等语言能和摇头、挥手等动作配合。

可能会重复某一个字或词，不管问什么都用该字或词来回答。

社交

能听懂大人某些长句指令，比如："把玩具拿给爸爸"等。

能认得常见的物品、人称等。

可能会偏爱某一样或数样玩具。

会察言观色，尤其是对看护人的表情和动作。

适应能力发育标准

能寻找盒子或瓶子内的小物品。

大人将玩具藏起来，会主动地去寻找被藏起来的物品。

可以学着用勺子舀食物往嘴里送。

更愿意做没有做过的事情。

开始表现出使用某一侧
身体或一只手的偏好。

看到桌面的小东西,会
用手指摆弄。

身高/体重/头围发育标准

11月龄宝宝

	−3 sd	−2 sd
身高（cm）	66.9	69.6
体重（kg）	6.9	7.9
头围（cm）	41.9	43.2

	−3 sd	−2 sd
身高（cm）	64.7	67.5
体重（kg）	6.2	7.2
头围（cm）	40.5	41.9

特别强调

以上数据对于早产儿，均按照矫正月龄查看。

说明：中位数，表示处于人群的平均水平；如果在"−1 sd~中位数~+1 sd"即：中位数上、下一个标准差范围之内，属于"正常范围"，代表了 68% 的儿童；如果在"（−2 sd~−1 sd）或者（+1 sd~+2 sd）"即：中位数上、下两个标准差范围之内，则定义为"偏矮（高）"，代表了27.4% 的儿童；如果在"（−3 sd~−2 sd）或者（+2 sd~+3 sd）"即：中位数上、下三个标准差之内，则定义为"矮（高）"，代表了 4.6% 的儿童。极少儿童在三个标准差（＜−3 sd 或＞+3 sd）之外（比率小于 0.5%）。

−1 sd	中位数	+1 sd	+2 sd	+3 sd
72.2	74.9	77.6	80.2	82.9
8.9	9.9	10.9	12	13.1
44.5	45.8	47	48.3	49.6

−1 sd	中位数	+1 sd	+2 sd	+3 sd
70.3	73.1	75.9	78.7	81.5
8.2	9.2	10.3	11.3	12.3
43.2	44.6	45.9	47.3	48.6

 精细/粗大运动发育标准

精细运动

可以打开包住玩具的布或纸。

能在引导下脱下袜子。

能将玩具放到更小的盒子或瓶子里。

粗大运动

能独站几秒。

能扶物下蹲，捡拾地上的物品。

大人拉住宝宝的手，能走几步。

可以很顺利地独自支撑
从蹲位到站位。

 # 语言/社交发育标准

语言

除爸爸妈妈外，还可以说两三个字。

能说出有意义的单字。

懂得"不"的含义。

社交

对某一看护人的
依赖会加深，会
使用软硬的方法
改变大人心意。

可以听从一些命令完成指定
目标任务，可以控制自己的
行为。

从前……

更依恋爸爸妈妈一起玩
游戏，听故事等。

 # 适应能力发育标准

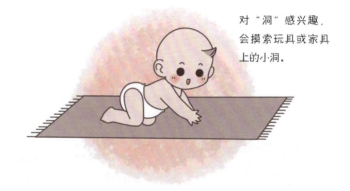

对"洞"感兴趣，会摸索玩具或家具上的小洞。

能主动打开藏有玩具的盒子，并取出玩具。

能模仿更多动作，比如涂鸦、按开关等。

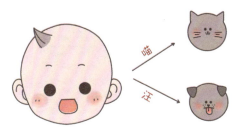

能辨认出不同事物的特征，比如"汪"表示狗，"喵"表示猫。

能翻书

身高/体重/头围发育标准

12月龄宝宝

	–3 sd	–2 sd
身高（cm）	68	70.7
体重（kg）	7.1	8.1
头围（cm）	42.2	43.5

	–3 sd	–2 sd
身高（cm）	65.8	68.6
体重（kg）	6.4	7.4
头围（cm）	40.8	42.2

特别强调

以上数据对于早产儿，均按照矫正月龄查看。

说明：中位数，表示处于人群的平均水平；如果在"-1 sd~中位数~+1 sd"即：中位数上、下一个标准差范围之内，属于"正常范围"，代表了68%的儿童；如果在"（-2 sd~-1 sd）或者（+1 sd~+2 sd）"即：中位数上、下两个标准差范围之内，则定义为"偏矮（高）"，代表了27.4%的儿童；如果在"（-3 sd~-2 sd）或者（+2 sd~+3 sd）"即：中位数上、下三个标准差之内，则定义为"矮（高）"，代表了4.6%的儿童。极少儿童在三个标准差（＜-3 sd 或＞+3 sd）之外（比率小于0.5%）。

-1 sd	中位数	+1 sd	+2 sd	+3 sd
73.4	76.1	78.8	81.5	84.2
9.1	10.2	11.3	12.4	13.5
44.8	46.1	47.4	48.6	49.9

-1 sd	中位数	+1 sd	+2 sd	+3 sd
71.5	74.3	77.1	80	82.8
8.5	9.5	10.6	11.6	12.6
43.5	44.9	46.3	47.6	49

精细/粗大运动发育标准

精细运动

能够较好地拇指、示指对捏。

能拧瓶盖。

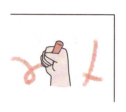

能用整个手握住笔画画。

部分宝宝可以脱掉大衣服。

粗大运动

拉单手可行走几步。

能够较稳地独站。

可以扶物自由蹲起。

语言/社交发育标准

语言

妈妈~

更加理解"爸爸""妈妈"含义，能够有所指并主动的喊某一人。

向宝宝要他们手里的物品，知道给予。

di~
ru~   gu~
di~   du~

喜欢嘀嘀咕咕地说话，像是自言自语。

知道具体的物品和地点的关系，并可以指认。

社交

可以配合穿衣服。

有较为明显的分离焦虑。

Bye~

会表现出对某个人和物品的喜爱。

喜欢帮助大人干活，拿东西，希望
得到大人的表扬。

适应能力发育标准

会在多个地方寻找被大人藏起的某物品，比如盒子、枕头下等。

能模仿更多大人行为，比如做家务等。

能够主动打开一些玩具的包装。

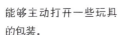

能搭建2~3块积木。

能够用手指动作表示1岁。

参考资料

［ 1 ］黄中,施士德,张宇鸣,等.新生儿早产儿诊疗手册.上海：上海科学普及出版社，2001.

［ 2 ］封志纯,钟梅.实用早产与早产儿学. 北京：军事医学科学出版社,2010.

［ 3 ］张建平.早产基础与临床.北京：人民卫生出版社，2014.

［ 4 ］彭文涛,张欣,李杨.实用早产儿护理学.北京：人民卫生出版社，2014.

［ 5 ］励建安.康复医学.北京：人民卫生出版社，2014.

［ 6 ］邵肖梅,叶鸿瑁,丘小汕.实用新生儿学（第四版）.北京：人民卫生出版社，2011.

［ 7 ］鲍秀兰.婴幼儿养育和早期干预实用手册（高危儿卷）.北京：中国妇女出版社，2014.

［ 8 ］鲍秀兰.0-3岁儿童最佳的人生开端.北京：中国妇女出版社，2014.

［ 9 ］区慕洁.天才宝宝胎教早教法.北京：中国妇女出版社，2011.

［10］区慕洁.中国儿童智力方程.北京：中国妇女出版社，2010.

［11］王丹华,刘喜红,丁宗一.早产/低出生体重儿喂养建议.中华儿科杂志，2009,47(7):508-510.

［12］崔玉涛,张巍,王丹华.新生儿监护手册. 北京：人民卫生出版社，2006.

［13］李廷玉.婴儿营养原理与实践.北京：人民卫生出版社，2009.

［14］姚裕家.早产儿营养基础与实践指南（第二版）.北京：人民卫生出版社，2008.

［15］王晓青,高静云,郝立成.新生儿科诊疗手册. 北京：化学工业出版社，2013.

［16］Reginald C.Tsang,et al. Born too soon–The global action report on preterm birth 2012.World Health Organization,2012.